# ROSEN-KÄFER UND LIBELLE

## Gedichte vom Leben auf der Wiese

Jan Thorbecke Verlag

# INHALT

# PHILANTHROPISCH

Ein nervöser Mensch auf einer Wiese
wäre besser ohne sie daran;
darum seh er, wie er ohne diese
(meistens mindestens) leben kann.
Kaum, dass er gelegt sich auf die Gräser,
naht der Ameis, Heuschreck, Mück und Wurm,
naht der Tausendfuß und Ohrenbläser,
und die Hummel ruft zum Sturm.
Ein nervöser Mensch auf einer Wiese
tut drum besser, wieder aufzustehn
und dafür in andre Paradiese
(beispielshalber: weg) zu gehn.

CHRISTIAN MORGENSTERN
(1871–1914)

# FÜR ERIKA

Stille, wehende Wiese,
was Du auch je verlörst –,
wisse die Paradiese,
denen Du zugehörst.

Fühle die kühleren Haine,
die Dich umgeben rings,
und bestärke das reine
Schwanken des Schmetterlings.

RAINER MARIA RILKE
(1875–1926)

# DER REST

Hundskamille und Skabiosen,
Schafgarbe, Blutweiderich
Und die Welt der kleinen Falter,
Fischreiher, Wildentenstrich:
Das fügt sich zu nichts zusammen,
Was sich bilanzieren lässt.
Wollte man es auch berechnen,
Immer bliebe noch ein Rest
Von Geheimnis und von Dunkel:
Was geht uns das alles an?
Doch wir leben *auch* von Dingen,
Die man *nicht* berechnen kann.

EVA STRITTMATTER
(1930–2011)

# LIBELLEN

Dunkel der Weg unter schweren
Wolken eilfertigen Winds und die
Tage vergehen wie Gekräusel
Auf Teichen fern in der Kindheit.

Bezaubernde Flügel von Insekten im
Knisternden Garten der ferne
Einen Deserteur noch verbirgt
Vor weiße Fahnen aus zerbrochenen
Fenstern kriechen.

SARAH KIRSCH
(1935–2013)

# SIE WAR EIN BLÜMLEIN

Sie war ein Blümlein hübsch und fein,
Hell aufgeblüht im Sonnenschein.
Er war ein junger Schmetterling,
Der selig an der Blume hing.
Oft kam ein Bienlein mit Gebrumm
Und nascht und säuselt da herum.
Oft kroch ein Käfer kribbelkrab
Am hübschen Blümlein auf und ab.
Ach Gott, wie das dem Schmetterling
So schmerzlich durch die Seele ging.
Doch was am meisten ihn entsetzt,
Das Allerschlimmste kam zuletzt.
Ein alter Esel fraß die ganze
Von ihm so heißgeliebte Pflanze.

WILHELM BUSCH
(1832–1908)

# MAITAG

Still! – Ich hör, wie an Geländen
leicht der Wind vorüberhüpft,
wie die Sonne Strahlenenden
an Syringendolden knüpft.

Stille rings. Nur ein geblähter
Frosch hält eine Mückenjagd,
und ein Käfer schwimmt im Äther,
ein lebendiger Smaragd.

Im Geäst spinnt Silberrhomben
Mutter Spinne Zoll um Zoll,
und von Blütenhekatomben
hat die Welt die Hände voll.

RAINER MARIA RILKE
(1875–1926)

# MAIKÄFER-MALEN

Setze Maikäfer in Tinte. (Es geht auch mit Fliegen.)
Zweierlei Tinte ist noch besser, schwarz und rot.
Lass sie aber nicht zu lange darin liegen,
Sonst werden sie tot.
Flügel brauchst du nicht erst rauszureißen.
Dann musst du sie alle schnell aufs Bett schmeißen
Und mit einem Bleistift so herumtreiben,
Dass sie lauter komische Bilder und Worte schreiben.
Bei mir schrieben sie einmal ein ganzes Gedicht.

- - - -

Wenn deine Mutter kommt,
mache ein dummes Gesicht;
Sage ganz einfach: »Ich war es nicht!«

JOACHIM RINGELNATZ
(1883–1934)

# LIED DER MAIKÄFER

Zwölf Monate sind es im Jahr,
Wir wählen uns nur einen,
Der aber muss uns wunderbar
In Blütenpracht erscheinen.
Sum, sum, sum.

Da fliegen wir von Baum zu Baum,
Und surren uns're Lieder,
Nach einem kurzen Lebenstraum
Geh'n wir zu schlummern wieder.
Surr, surr, surr.

Es weiß der Mensch, wie wir, nicht so
Die reine Luft zu wählen,
Macht ihn einmal ein Stündchen froh,
Sind's hundert, die ihn quälen.
Brum, brum, brum.

Die Weisheit fehlt ihm, das Genie,
Im Vollgenuss zu leben
Und dann zum Schluss mit Ironie
Gemütlich abzuschweben.
Schnurr, schnurr, schnurr.

PAUL CORNEL
(1846–1899)

# DER ROSEN-KÄFER

Es ist ein elend Sein, es ist ein Ding der Dinge,
Der Splitter, abgefeilt von Gottes Siegelringe.

Ihr nennt es Junistern, der blauen Tagen gleißt,
Ich nenn' es Zaubertier, gezeugt im Blumengeist,

Den uns kein Kräutermann
noch Wunderarzt verhandelt,
Den höchste Alchimie allein erkennt und wandelt;

Denn dies, der Rose Licht und Blut, davon es zehrt,
Ist, was sich ihm zu grün und braunem Golde kehrt.

GERTRUD KOLMAR
(1894–1943)

# DIE LAUNEN DER VERLIEBTEN

(Eine wahre Geschichte, nach ältern Dokumenten wiedererzählt und aufs neue in schöne deutsche Reime gebracht)

Der Käfer saß auf dem Zaun, betrübt;
Er hat sich in eine Fliege verliebt.
Du bist, o Fliege meiner Seele,
Die Gattin, die ich auserwähle.
Heirate mich und sei mir hold!
Ich hab einen Bauch von eitel Gold.
Mein Rücken ist eine wahre Pracht;
Da flammt der Rubin, da glänzt der Smaragd.
O dass ich eine Närrin wär!
Ein'n Käfer nehm ich nimmermehr.
Mich lockt nicht Gold, Rubin und Smaragd;
Ich weiß, dass Reichtum nicht glücklich macht.
Nach Idealen schwärmt mein Sinn,
Weil ich eine stolze Fliege bin. –
Der Käfer flog fort mit großem Grämen;
Die Fliege ging ein Bad zu nehmen.

Wo ist denn meine Magd, die Biene,
Dass sie beim Waschen mich bediene;
Dass sie mir streichle die feine Haut,
Denn ich bin eines Käfers Braut.
Wahrhaftig, ich mach eine große Partie;
Viel schöneren Käfer gab es nie.
Sein Rücken ist eine wahre Pracht;
Da flammt der Rubin, da glänzt der Smaragd.
Sein Bauch ist gülden, hat noble Züge;
Vor Neid wird bersten gar manche Schmeißfliege.
Spute dich, Bienchen, und frisier mich,
Und schnüre die Taille und parfümier mich;
Reib mich mit Rosenessenzen, und gieße
Lavendelöl auf meine Füße,
Damit ich gar nicht stinken tu,
Wenn ich in des Bräutgams Armen ruh.
Schon flirren heran die blauen Libellen,
Und huldigen mir als Ehrenmamsellen.
Sie winden mir in den Jungfernkranz
Die weiße Blüte der Pomeranz.
Viel Musikanten sind eingeladen,
Auch Sängerinnen, vornehme Zikaden.
Rohrdommel und Horniss, Bremse und Hummel,
Die sollen trompeten und schlagen die Trummel;
Sie sollen aufspielen zum Hochzeitfest –
Schon kommen die bunt beflügelten Gäst,
Schon kommt die Familie, geputzt und munter;
Gemeine Insekten sind viele darunter.

Heuschrecken und Wespen, Muhmen und Basen,
Sie kommen heran - Die Trompeten blasen.
Der Pastor Maulwurf im schwarzen Ornat,
Da kommt er gleichfalls – es ist schon spat.
Die Glocken läuten, bim-bam, bim-bam -
Wo bleibt mein liebster Bräutigam? - -
Bim-bam, bim-bam, klingt Glockengeläute,
Der Bräutgam aber flog fort ins Weite.
Die Glocken läuten, bim-bam, bim-bam -
Wo bleibt mein liebster Bräutigam?
Der Bräutigam hat unterdessen
Auf einem fernen Misthaufen gesessen.
Dort blieb er sitzen sieben Jahr,
Bis dass die Braut verfaulet war.

HEINRICH HEINE
(1797–1856)

# MARIENKÄFER

Wie Vater grad den Birnbaum pflegt,
wird er von Kummer ganz bewegt.

Das kleine Bäumchen traurig steht
von schwarzen Läusen übersät.
Und war so gut mit Gift gespritzt,
hat scheinbar doch nicht recht genützt!
Derweil der Vater sich besinnt,
wie er nun helfen kann geschwind,
fliegt etwas her, was ist das denn?
Und immer mehr, und ein Gerenn'
fängt über alle Zweige an,
die schwarz mit Läusen angetan.
Der Vater sieht es froh verwundert:
Marienkäfer, mehr als hundert,
die kamen wie auf ein Gebot
in Bäumchens allerhöchster Not.

Sie stürzen auf die Läuse sich,
sie packen sie, und jämmerlich
vergeht die böse, schwarze Brut;
das tut dem Vater wahrlich gut.
Mit zärtlich' Worten grüßt er sie:
„Lieb Käferchen der Frau Marie,
ihr Gotteskälbchen, vielen Dank,

nun ist mein Bäumchen nicht mehr krank!“
Im Winter sagt die Mutter drum,
fliegt solch ein Käferchen herum
im warmen Raum, wo Schutz es fand,
sagt, wenn es fliegt auf ihre Hand:
„Das bringt mir Glück!“ und hält ganz still,
solang das Käferchen es will.

OTTO NEBELTHAU
(1894–1943)

# DIE MÜCKEN

Dich freut die warme Sonne.
Du lebst im Monat Mai.
In deiner Regentonne,
Da rührt sich allerlei.
Viel kleine Tierlein steigen
Bald auf-, bald niederwärts,
Und, was besonders eigen,
Sie atmen mit dem Sterz.
Noch sind sie ohne Tücken,
Rein kindlich ist ihr Sinn.
Bald aber sind sie Mücken
Und fliegen frei dahin.
Sie fliegen auf und nieder

Im Abendsonnenglanz
Und singen feine Lieder
Bei ihrem Hochzeitstanz.
Du gehst zu Bett um zehne,
Du hast zu schlafen vor,
Dann hörst du jene Töne
Ganz dicht an deinem Ohr.
Drückst du auch in die Kissen
Dein wertes Angesicht,
Dich wird zu finden wissen
Der Rüssel, welcher sticht.
Merkst du, dass er dich impfe,
So reib mit Salmiak
Und dreh dich um und schimpfe
Auf dieses Mückenpack.

WILHELM BUSCH
(1832–1908)

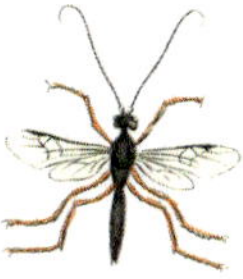

# FENSTER TEXT

Plötzlich gibt es Bienen und ein
Maikäferbaby
Hummeln in kurzem Rock
Honiggeruch
und Hitze im Wald ein Knacken und
Knistern wie kurz vor Ausbruch eines Feuers
Sonnenwiese
nicht nur der Name einer Teesorte im
Winter

RUTH JOHANNA BENRATH
(*1966)

# DER JUNI

Die Zeit geht mit der Zeit: Sie fliegt.
Kaum schrieb man sechs Gedichte,
ist schon ein halbes Jahr herum
und fühlt sich als Geschichte.
Die Kirschen werden reif und rot,
die süßen wie die sauern.
Auf zartes Laub fällt Staub, fällt Staub,
so sehr wir es bedauern.
Aus Gras wird Heu. Aus Obst Kompott.
Aus Herrlichkeit wird Nahrung.
Aus manchem, was das Herz erfuhr,
wird, bestenfalls, Erfahrung.
Es wird und war. Es war und wird.
Aus Kälbern werden Rinder
Und weil's zur Jahreszeit gehört,
aus Küssen kleine Kinder.
Die Vögel füttern ihre Brut
und singen nur noch selten.
So ist's bestellt in unsrer Welt,
der besten aller Welten.
Spät tritt der Abend in den Park,
mit Sternen auf der Weste.
Glühwürmchen ziehn mit Lampions
zu einem Gartenfeste.
Dort wird getrunken und gelacht.

In vorgerückter Stunde
tanzt dann der Abend mit der Nacht
die kurze Ehrenrunde.
Am letzten Tische streiten sich
ein Heide und ein Frommer,
ob's Wunder oder keine gibt.
Und nächstens wird es Sommer.

ERICH KÄSTNER
(1899–1974)

# O, GRILLE SING

O, Grille sing,
Die Nacht ist lang.
Ich weiß nicht, ob ich leben darf,
Bis an das End' von Deinem Sang.

Die Fenster stehen aufgemacht.
Ich weiß nicht, ob ich schauen darf,
Bis an das End' von dieser Nacht.

O, Grille sing, sing unbedacht,
Die Lust geht hin,
Und Leid erwacht.
Und Lust im Leid –
Mehr bringt sie nicht, die lange Nacht.

MAX DAUTHENDEY
(1867–1918)

# ELFE

Bleib bei uns! Wir haben den Tanzplan im Tal
Bedeckt mit Mondesglanze,
Johanniswürmchen erleuchten den Saal,
Die Heimchen spielen zum Tanze.

Die Freude, das schöne leichtgläubige Kind,
Es wiegt sich in Abendwinden:
Wo Silber auf Zweigen und Büschen rinnt,
Da wirst du die Schönste finden!

JOSEPH FREIHERR
VON EICHENDORFF
(1788–1857)

# DAS ÄHRENFELD

Ein Leben war's im Ährenfeld
Wie sonst wohl nirgends auf der Welt.
Musik und Kirmes weit und breit
Und lauter Lust und Fröhlichkeit.

Die Grillen zirpten früh am Tag
Und luden ein zum Zechgelag.
Hier ist es gut, herein, herein!
Hier schenkt man Tau und Blütenwein.

Der Käfer kam mit seiner Frau,
Trank hier ein Mäßlein kühlen Tau,
Und wo nur winkt ein Blümelein,
Da kehrte gleich das Bienchen ein.

Den Fliegen ward die Zeit nicht lang,
Sie summten manchen frohen Sang.
Die Mücken tanzten ihren Reihn
Wohl auf und ab im Sonnenschein.

Das war ein Leben ringsumher,
Als ob es ewig Kirmes wär.
Die Gäste zogen aus und ein.
Und ließen sich's gar wohl dort sein.

Wie aber geht es in der Welt?
Heut ist gemäht das Ährenfeld,
Zerstöret ist das schöne Haus,
Und hin ist Kirmes, Tanz und Schmaus.

HEINRICH HOFFMANN
VON FALLERSLEBEN
(1798–1874)

# IST DAS LEBEN NOCH FRISCH?

Und nun wohne ich seit vierzehn Tagen am Fuße der Zugspitze, an einem großen dunkelgrünen See, und wenn ich nicht gerade schwimme oder turne oder Tennis spiele oder ich von Karlinchen rudern lasse, sitz ich mitten in einer umfangreichen Wiese auf einer kleinen Holzbank, und vor mir steht ein Tisch, der in einem fort wackelt, und auf dem schreibe ich nun also meine Weihnachtsgeschichte.

Rings um mich blühen die Blumen in allen Farben. Die Zittergräser verneigen sich respektvoll vor dem Winde. Die Schmetterlinge fliegen spazieren. Und einer von ihnen, ein großes Pfauenauge, besucht mich sogar manchmal. Ich hab ihn Gottfried getauft, und wir können uns gut leiden. Es vergeht kaum ein Tag, an dem er nicht angeflattert kommt und sich zutraulich auf mein Schreibpapier setzt. „Wie geht's, Gottfried?", frage ich ihn dann, „ist das Leben noch frisch?" Er hebt und senkt, zur Antwort, leise seine Flügel und fliegt befriedigt seiner Wege.

ERICH KÄSTNER
(1899–1974),
AUS: DAS FLIEGENDE KLASSENZIMMER

# DIE LIBELLE

Es ist die Libelle, die blaue,
Im Käferland die schönste Person.
Die Schmetterlinge sind mit Passion
Verliebt in die schöne Fraue.
Sie ist so fein von Hüften,
Sie trägt ein Flügelkleid von Gaß;
In jeder Bewegung Ebenmaß,
Gaukelt sie keck in den Lüften.

Die bunten Buhlen fliegen
Ihr nach, und mancher junge Fant
Schwört laut: Ich geb dir Holland und Brabant,
Willst du meincr Brunst dich fügen.

Da spricht die falsche Libelle:
Holland und Brabant, die brauch' ich nicht;
Ich brauche nur ein Fünkchen Licht,
Damit ich mein Stübchen erhelle.

Kaum hören sie diese Töne,
Und die Verliebten flattern wetteifernd fort;
Sie suchen geschäftig von Ort zu Ort
Ein Fünkchen Licht für die Schöne.

Sieht einer eine Kerze,
So stürzt er drauf zu, wie blind und betört;
Und die Flamme den armen Käfer verzehrt,
Ihn und sein liebendes Herze.

Die Fabel ist japanisch;
Doch auch in Deutschland, liebes Kind,
Gibt es Libellen, und sie sind
Gar sehr perfid und satanisch.

HEINRICH HEINE
(1797–1856)

# DER MITTAG

Die wilden Rosen und schwarzen Beeren
Rollen die zärtlichen Ranken aus
Das Fieber geht um im Garten, der Mohn
Betäubt sich und öffnet die Kapseln.
Wie Blitze fallen die blauen Büsche
Gebogen über den Zaun und die Falter
Die gelbgebänderten Wespen, erstarrten
Grillen in brennenden Blumen
Erschrecken mit ihren Augen.
(...)

SARAH KIRSCH
(1936–2013)

# AUF DER WIESE

Nun bin ich aus den stillen, kalten Tälern heraus, in einem großen Halbkreis bin ich durch Andorra gezogen, und da stehe ich nun wieder in Bourg-Madame. Die weite Ebene –
Die Hitze brennt, ich habe den ganzen Vormittag Zeit; der kleine elektrische Zug, der nachher rings um dieses ungeheure Loch in den Bergen herumfahren wird, ist noch nicht da. Jetzt liege ich auf der Wiese unter den blitzenden Bäumen, ziehe Grashalme aus dem Boden und freue mich meiner Faulheit.

(...)

Da kommt ein Mistkäfer angekrochen. Ich frage ihn, ob er weiß, wie er auf lettisch heißt. »Nein«, sagt er. Ich sage ihm: »Sie heißen Ssudebambel.« Ob er keinen andern Namen bekommen könne? Nein. Da kriecht er weiter –

KURT TUCHOLSKY
(1890–1935),
AUS: EIN PYRENÄENBUCH

# VERSUCH ÜBER MÜCKEN

als hätten sich alle buchstaben
auf einmal aus der zeitung gelöst
und stünden als schwarm in der luft;

stehen als schwarm in der luft,
bringen von all den schlechten nachrichten
keine, dürftige musen, dürre

pegasusse, summen sich selbst nur ins ohr;
geschaffen aus dem letzten faden
von rauch, wenn die kerze erlischt,

so leicht, daß sich kaum sagen läßt: sie sind,
erscheinen sie fast als schatten,
die man aus einer anderen welt

in die unsere wirft; sie tanzen,
dünner als mit bleistift gezeichnet
die glieder; winzige sphinxenleiber;

der stein von rosetta, ohne den stein.

JAN WAGNER
(*1971)

# KÄFER AUF DEM RÜCKEN

Wenn doch endlich mal ein kleines Windchen wehte,
das mich wieder auf die andre Seite drehte.
Ob vom Norden oder Süden das wär ganz egal.
immer auf dem Rücken liegen – das ist eine Qual.
Retten könnte mich ein kleines Windstößchen,
ein Taifünchen oder auch ein Tornadöschen,
denn ich strampel mit die Beene in der Luft,
alle Kraft und Energie verpiffpaffpufft.
Summ-summ-summ,
Kein Teufel dreht mich um.

Ich liege auf dem Rücken,
die Beene in die Höh.
Kein Umkipp will mir glücken,
mir fehlt der richt'ge Dreh.
Wie ich mich dreh und biege,
ob so rum – oder so –
das Einz'ge was ich kriege
sind Schwielen rings am Po.
Stripp-strapp-strull
das ist doch jammervull.

Wenn doch endlich eine frische Brise bliese,
die zerfliegen ließe diese Liegekrise,
Dass ich krabbeln könnte –
wieder auf den Beinen stehn,
denn ich möcht die Welt
doch mal von andersrum besehn.

Aber nirgendwo zeigt sich ein Lebenszeichen.
Kein Mitkäfer will mir seinen Fuß zur Hilfe reichen.
Ein paar Tage dauert nur der schöne Mai.
Wenn der Juni kommt ist meine Zeit vorbei.
Plimm-plamm-plumm,
kumm, Samum, dreh mich um.

FRED ENDRIKAT
(1890–1942)

# DER KÄFER

Heut hab' ich im Spazierengehn
Einen goldig grünen Käfer gefehlt.
Der lag im Graben auf dem Rücken,
Ich musste zu ihm mich niederbücken.

Die Wand war glatt und abgestochen,
Dran wär' er gern hinaufgekrochen.
Er rückt und drückt sich auf dem Grund,
Bis er auf seinen Füßen stund.

Das arme Tier lief hin und wieder,
Stützte sich auf und purzelte nieder;
Krabbelt' und kletterte, taumelt' und sank,
Von langer Arbeit matt und krank.

Hinauf zum lieben Sonnenlicht
Zu kommen – es gelang ihm nicht.
Er wusste nicht, wie ihm geschah,
Verblüfft, verdrossen stand er da.

Auf einmal begann er sich zuzustutzen,
Und Füß' und Rüssel glatt zu putzen,
Er hob die Flügeldecken hoch,
Und schnurrend flog er hervor aus dem Loch;

Wiegt' in den Lüften sich frei und frisch
Und setzt' sich an den gedeckten Tisch,
In's Gras am hellen Sonnenschein
Und schaute gar stolz in die Welt hinein.

Du Käfer, ich hab' meine Freud' an dir,
Was bist du für ein gescheites Tier!
Wir Narren, wir kriechen und scharren und graben
Und vergessen, dass wir Flügel haben.

LUDWIG SEEGER
(1810–1864)

# GLÜCK

Sonntagsruhe, Dorfesstille,
Kind und Knecht und Magd sind aus,
Unterm Herde nur die Grille
Musizieret durch das Haus.
Tür und Fenster blieben offen,
Denn es schweigen Luft und Wind,
In uns schweigen Wunsch und Hoffen,
Weil wir ganz im Glücke sind.

Felder rings, – ein Gottessegen
Hügel auf- und niederwärts,
Und auf stillen Gnadenwegen
Stieg auch *uns* er in das Herz.

THEODOR FONTANE
(1819–1898)

# ES SOLL EIN TAG SEIN

Es soll ein Tag Anfang August sein
die Schwalben fort, doch eine Hummel
noch irgendwo, die im Himbeerschatten
ihren Bogen ausprobiert.

Ein leichter, doch nicht hartnäckiger Wind
soll über die Wiesen des August gehen.
Du sollst da sein,
aber du sollst nicht viel reden,
mir nur ein wenig über die Haare streichen
und mir in die Augen sehen

mit diesem kleinen Lächeln
zuinnerst im Augenwinkel.
Und dann will ich
nicht ohne Erleichterung

diese Welt verschwinden sehen

LARS GUSTAFSSON
(1936–2016)

# DAS LIED VOM SCHMETTER-LINGE

Liebes, leichtes, luft'ges Ding,
Schmetterling,
das da über Blumen schwebet,
nur von Tau und Blüten lebet,
Blüte selbst, ein fliegend Blatt,
das, mit welchem Rosenfinger!
wer bepurpurt hat?

War’s ein Sylphe, der Dein Kleid
so bestreut,
dich aus Morgenduft gewebet,
nur auf Tage Dich belebet?
Seelchen, und Dein kleines Herz
pocht da unter meinem Finger,
fühlet Todesschmerz.

Fleuch dahin, o Seelchen, sei
froh und frei,
mir ein Bild, was ich sein werde,
wenn die Raupe dieser Erde
auch wie Du ein Zephyr ist
und in Duft und Tau und Honig
jede Blüte küsst!

JOHANN GOTTLIEB HERDER
(1744–1803)

# WIEDERSEHN MIT SCHMETTER-LINGEN

(…)
Der Welt war ich ein Riese.
Ein Kind bin ich der Wiese.
Nun ist's wie dazumal.
Dort drüben hinterm Berge,
dort kämpfen feige Zwerge.
Ich spiele in dem Tal.
(…)
Und dass ich wieder singe,
erscheinen Schmetterlinge,
o grenzenloses Glück!
Auf einem Sonnenstrahle
die stolzen Admirale,
sie kehren mir zurück!

War's schwer, ihr Papilionen,
auf dieser Welt zu wohnen?
Verlort ihr diese Spur?

Zusammen hier zu rasten,
lockt uns ein Leierkasten,
der spielt „Nur für Natur".

Wir junggewohnten Schwärmer,
wir wurden arm und ärmer
in der papiernen Pein.
So sagt, ihr losen Lieben,
wo wart ihr denn geblieben,
und ließet mich allein?
(...)

KARL KRAUS
(1874–1936)

# DER SCHMETTER-LING

Wie soll ich nicht tanzen?
Es macht keine Mühe,
und reizende Farben
schimmern hier im Grünen.
Immer schöner glänzen
meine bunten Flügel,
immer süßer hauchen
alle kleinen Blüten.
Ich nasche die Blüten,
ihr könnt sie nicht hüten.

Wie groß ist die Freude,
sei's spät oder frühe,
leichtsinnig zu schweben
über Tal und Hügel.
Wenn der Abend säuselt,
seht ihr Wolken glühen;
wenn die Lüfte golden,
scheint die Wiese grüner.
Ich nasche die Blüten,
ihr könnt sie nicht hüten.

FRIEDRICH SCHLEGEL
(1772–1829)

# DIE GRILLE

Süße Grille, die mich um meine liebenden Sorgen
oft schon täuschte,
mir oft brachte den tröstenden Schlaf.
Ländliche Sängerin auf!
mit deinen schallenden Flügeln
dir selbst Leier und Ton, singe was liebliches mir,
Dass sich meine Sorgen zur Ruhe senken, o singe
fröhliche Sängerin, mir deinen fröhlichen Sinn
In die Seele. Ich will auch mit Tau,
mit grünenden Knospen
dich beschenken; es soll ewiger Sommer dir blühn.

JOHANN GOTTLIEB HERDER
(1744–1803)

# DER SOMMER-FADEN

Da fliegt, als wir im Felde gehen,
Ein Sommerfaden über Land,
Ein leicht und licht Gespinst der Feen,
Und knüpft von mir zu ihr ein Band.
Ich nehm' ihn für ein günstig Zeichen,
Ein Zeichen, wie die Lieb' es braucht.
O Hoffnungen der Hoffnungsreichen,
Aus Duft gewebt, von Luft zerhaucht!

LUDWIG UHLAND
(1787-1847)

# BLÄUE

Diese Septembertage: wie Bögen
Von Morgen zu Abend gespannt.
Früh Nebel. Kälte. Drei Stunden später
Steht eine kasachische Sonne über dem Land,
Das grün ist nach diesem verregneten Sommer.
An den Birken noch nicht ein gilbendes Blatt.
Die Weiseren wussten es: so wie immer
Findet auch dies Jahr der Ausgleich statt.
Wie gewaschen der Himmel. Von wirklichster Bläue.
Noch jagen die Schwalben. Noch tragen die Bienen.
Und wollen wir leben – wann wenn nicht jetzt,
Wo die heimlichen Grillen noch lichtselig sind,
Wo der Rabenschrei nichts als Taglust bedeutet
Und die Wärme so stark ist, dass sich die Libelle
Noch mit Hoffnung der Nacht
ihres Panzers enthäutet.
Triumphale Tage von Morgen zu Abend.
Blaue Bögen von Nebel zu Nebel gespannt.
Hohen Mittags träuft von der Wölbung die Bläue
Und erblüht als Viole im glücklichen Sand.

EVA STRITTMATTER
(1930–2011)

# DIE AMEISE UND DIE GRILLE

Es sang die heischre Grille
Die ganze Sommerzeit,
Da sich in aller Stille
Die Ameis' auch erfreut.
Sie häuft der Zellen Fülle
Mit kluger Emsigkeit.

Die Grille singt voll Freude
Um Feld und Busch und Hain,
Und sammelt kein Getreide
Zum nächsten Winter ein.
Als endlich sich die Sonne
Umwölkt dem Schützen naht,
Die Erde keine Wonne,
Und Alles Mangel hat;
Da fühlt sie das Geschicke
Der darbenden Natur,
Und hoffet Trost und Glücke
Von ihrer Freundin nur.

Sie sagt: O leiht mir Weizen,
Geliebte Nachbarin.
Ihr werdet ja nicht geizen,
Ihr wisst, wie arm ich bin.

Die fragt: Zur Zeit der Rosen,
Was hast du da gemacht?
Die hat den Virtuosen
Vielleicht nichts eingebracht.

Ich sang, zwar ungedungen;
Allein, was sollt' ich tun?

Du hast damals gesungen:
Wohlan, so tanze nun!

FRIEDRICH VON HAGEDORN
(1708–1754)

# DIE AMEISE UND DIE GRILLE

Ei, singe, singe, singe nur!
So schalt, auf der schon kahlen Flur,
Im ernsten Tone der Sybille,
Die Ameis' auf die frohe Grille.
Bald ist der Winter vor der Tür
Und dann? - Ei nun, dann sterben wir,
Versetzt die Grille, du mit Jammer
In deiner vollen Speisekammer;
Ich, nach genoss'nem Freudenmahl,
Mit Lobgesang im leeren Saal.

GOTTLIEB KONRAD PFEFFEL
(1736–1809)

# ZUR FRAGE DER REIN-KARNATION

Die Fliege stört mich.
Ich betrachte die Fliege,
beschreibe sie,
wie sie die Taster rührt,
die dreigliedrigen,
dicht gefiederten Fühler,
wie sie sucht, saugt, schöpft
mit den fleischigen Endlippen
ihres Rüssels. Die Flügel,
aschgrau geädert,
glänzend geschuppt,
flimmern im Licht.
Tarsen[1], Klauen, Borsten
zittern vor Energie.
Mit den zweimal viertausend Linsen
ihrer riesigen Augen
betrachtet sie mich.
Wie behaart sie ist!
Es stört sie nicht,
dass ich sie beschreibe.

1 griech. Fusswurzel (unterster mehrgliedriger Abschnitt der Extremitäten)

Der anderen Fliege, hier,
auf meinem Tisch, im Bernstein,
die keinen von uns gestört hat,
gleicht sie aufs Haar, aufs Haar.
Wie ist sie zurückgekehrt,
nach aberhundert Millionen
Geschlechterfolgen?
Vollkommen unverändert vibriert
ihr schwarz gewürfelter Hinterleib.

Sie stört mich.
Ich verscheuche sie –
diese, nicht jene Fliege.

Bei ihrer nächsten Wiederkehr
wird niemand mehr dasein,
um zu beschreiben, wie die Fliege der Fliege gleicht.
Es stört mich nicht,
dass kein Mensch dasein wird,
um sie zu
verscheuchen.

HANS MAGNUS ENZENSBERGER
(*1929)

# ABENDLIED

Ich stand auf Berges Halde,
als heim die Sonne ging,
und sah, wie überm Walde
des Abends Goldnetz hing.
Des Himmels Wolken tauten
der Erde Frieden zu;
bei Abendglockenlauten
ging die Natur zur Ruh.
(...)
Die Blumen alle schließen
die Augen allgemach.
und alle Wellen fließen
besänftiget im Bach.
Nun hat der müde Sylphe
sich unters Blatt gesetzt,
und die Libell' im Schilfe
entschlummert taubenetzt.
Es ward dem goldnen Käfer
zur Wieg' ein Rosenblatt;
die Herde mit dem Schäfer
sucht ihre Lagerstatt.
(...)
Wer sein ein Hüttchen nennet,
ruht nun darin sich aus,
und wen die Fremde trennet,

den trägt ein Traum nach Haus.
Mich fasset ein Verlangen,
dass ich zu dieser Frist
hinauf nicht kann gelangen,
wo meine Heimat ist.

FRIEDRICH RÜCKERT
(1788–1866)

# GRASHÜPFER UND HEIMCHEN

Niemals ist tot der Erde Poesie:
Wenn Vögel müde sind von heißen Sonnen,
Dann nimmt die Führung in den Sommerwonnen
Grashüpfers Stimme, und sie rastet nie.

Von Heck zu Hecke rennt die Melodie
Und hält die frischgemähte Trift umsponnen;
Macht Lust ihn matt, so ruht er süß versonnen
Bei grünstem Halme, der für ihn gedieh.

Nie endet sie, die Poesie der Erde.
Am stillen Winterabend, wenn der grimme
Nachtfrost ein Schweigen breitet, schrillt vom Herde

Des Heimchens Sang dem Träumer in die Ohren,
Als habe sich Grashüpfers Sommerstimme
Aus grüner Trift in seinen Traum verloren.

JOHN KEATS
(1795–1821)

# BLAUER SCHMETTER-LING

Flügelt ein kleiner blauer
Falter vom Wind geweht,
Ein perlmutterner Schauer,
Glitzert, flimmert, vergeht.
So mit Augenblicksblinken,
So im Vorüberwehn
Sah ich das Glück mir winken,
Glitzern, flimmern, vergehn.

HERMANN HESSE
(1877–1962)

# AUS DEN HEIDEBILDERN

Es verrieselt, es verraucht,
Mählich aus der Wolke taucht
Neu hervor der Sonnenadel.
In den feinen Dunst die Fichte
Ihre grünen Dornen streckt,
Wie ein schönes Weib die Nadel
In den Spitzenschleier steckt;
Und die Heide steht im Lichte
Zahllos blanker Tropfen, die
Am Wacholder zittern, wie
Glasgehänge an dem Lüster.
Überm Grund geht ein Geflüster,
Jedes Kräutchen reckt sich auf,

Und in langgestrecktem Lauf,
Durch den Sand des Pfades eilend,
Blitzt das goldne Panzerhemd
Des Kuriers; am Halme weilend
Streicht die Grille sich das Nass
Von der Flügel grünem Glas.
Grashalm glänzt wie eine Klinge,
Und die kleinen Schmetterlinge,
Blau, orange, gelb und weiß,
Jagen tummelnd sich im Kreis.
Alles Schimmer, alles Licht,
Bergwald mag und Welle nicht
Solche Farbentöne hegen,
Wie die Heide nach dem Regen.

ANNETTE VON DROSTE-HÜLSHOFF
(1797–1848)

# ZU GUTER LETZT

Als Kind wusste ich:
Jeder Schmetterling
den ich rette
Jede Schnecke
und jede Spinne
und jede Mücke
jeder Ohrwurm
und jeder Regenwurm
wird kommen und weinen
wenn ich begraben werde

Einmal von mir gerettet
muss keines mehr sterben
Alle werden sie kommen
zu meinem Begräbnis

Als ich dann groß wurde
erkannte ich:
Das ist Unsinn
Keines wird kommen
ich überlebe sie alle

Jetzt im Alter
frage ich: Wenn ich sie aber
rette bis ganz zuletzt
kommen doch vielleicht zwei oder drei ?

ERICH FRIED
(1921–1988)

**VERLAGSGRUPPE PATMOS**

**PATMOS**
**ESCHBACH**
**GRÜNEWALD**
**THORBECKE**
**SCHWABEN**
**VER SACRUM**

Die Verlagsgruppe
mit Sinn für das Leben

**Klimaneutral**
**Druckprodukt**
ClimatePartner.com/14549-2003-1001

Für die Verlagsgruppe Patmos ist Nachhaltigkeit ein wichtiger Maßstab ihres Handelns. Wir achten daher auf den Einsatz umweltschonender Ressourcen und Materialien.


www.thorbecke.de

Gestaltung: Finken & Bumiller, Stuttgart
Druck: optimal media GmbH, Röbel/Müritz
Hergestellt in Deutschland
ISBN 978-3-7995-1489-7